我的 探险研学书

关于沙漠、湿地、高山、草原、雨林冒险的生命体验

澳洲内陆

[英] 西蒙·查普曼 / 著

陈蜜 / 译

电子工业出版社
Publishing House of Electronics Industry
北京·BEIJING

远征北领地

我计划租一辆四驱越野车，游览澳大利亚北领地的卡卡杜国家公园。卡卡杜国家公园以红色岩石和野生湿地而闻名于世，是澳大利亚古代岩石绘画的集中地，更是数不清的袋鼠和世界上最大鳄鱼群的家园。

私人装备清单

1. 衣服：轻便的浅色衬衫，可以拆卸成短裤的带拉链裤子。
2. 太阳帽和防晒霜。
3. 储水袋（不需要的时候可以卷起来）。
4. 头灯和电池。
5. 帐篷：可以自由支起的圆顶帐篷，不需要固定在坚硬的地面上。我将主要使用网制的帐篷，这样抬头就可以看到星星。
6. 医药箱。

一些重要的补充事项

1. 两个有盖的大塑料盒。用于装食物、盘子等，希望可以防尘。但我也会把所有东西都装进保鲜袋里。
2. 两个大的盛水容器和一个储水袋。我不确定这些水是否够用两周……或许还要增加一到两个容器？

澳大利亚购物清单：

在澳大利亚挑选探险装备是件很容易的事。那里有很多探险设备商店，可以买到轻便炊具、圆顶帐篷和塑料防水油布。（露营时铺在地上用于防潮）去超市就可以备齐所需的食物——就像在家一样！

卡卡杜国家公园

卡卡杜国家公园占地 2 万平方公里，生物多样性的丰富程度令人难以置信：这里是 280 种鸟和 2000 种植物的家园。卡卡杜国家公园里大约生活着 1 万条鳄鱼，也就是说，每 2 平方公里就有一条鳄鱼。天哪！

卡卡杜国家公园的景观格局多样。北部地区，从草原到淡水湿地（左图）乃至咸水河都应有尽有。南部地区，林地隔开了丘陵和古代火山岩构成的山脊。

天气

澳大利亚北领地在 11 月至 3 月间处于热带夏季，而在 4 月到 10 月之间则是旱季。由于洪水的频发，卡卡杜国家公园的一些地区在夏天不得不关闭。

澳大利亚北领地

开车穿过澳洲内陆

我要去的地方天气很热，阳光充足并且空气干燥，尽管也有一些河流和沼泽湿地（常有鳄鱼出没）。我要开很久的车，所以需要做好准备 —— 下面有详细的装备说明。最重要的是，我得让别人知道我要去哪里，以及什么时候能回来，如果车坏了，我会留在那里等待救援。这可比在徒步穿越半沙漠地区时因为脱水而晕倒要安全得多。我计划在汽车后备厢里常备至少 10 升水。

车载装备

1. 基本工具包，千斤顶和备用轮胎（必须要带）。

2. 沙梯和铲子（右图），万一车子陷进松软的沙子里会用到。

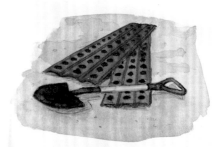

地图标注：
帝汶海
前往阿纳姆地
达尔文
阿德莱德河
玛丽河
卡卡杜国家公园
贾比鲁
汉普蒂杜
阿纳姆高速公路
失落之城
沃克沃克
卡卡杜国家公园
卡卡杜高速公路
诺兰基岩
旺吉瀑布
斯图尔特高速公路
利奇菲尔德国家公园
加仑瀑布
松树小溪
前往爱丽丝泉
0   20km

澳大利亚内陆

　　卡卡杜国家公园之旅将带我穿过澳大利亚内陆干燥而偏僻的地区。澳大利亚内陆地区是草原和沙漠生物群落的结合体，包括那片广袤偏远的腹地，人们有时也称它为澳大利亚的"红土中心"。

　　干旱和半干旱的沙漠占澳大利亚大陆面积的70%，而沙漠地区的人口只占总人口的3%。澳大利亚有十大沙漠，包括塔纳米沙漠和大沙沙漠。大部分沙漠为土著部落（澳大利亚原住民中的一部分）的居住地。

抵达达尔文

我现在到达了位于澳大利亚北领地的"顶端"（最北部）的城市——达尔文市。我是从悉尼乘飞机来的。

这座城市的北面是帝汶海，再向北是印度尼西亚群岛，南面是澳大利亚内陆。距离最近的大城镇是南边的爱丽丝泉。著名的乌鲁鲁巨石与达尔文市相距将近2000公里！

这个地方实在太棒了！

这里有一家简直像是专门为我开的商店——荒野探险服装店。这是一个仓库，装满了帆布背包、灌木丛刀具、各种各样的烹饪用具以及在澳大利亚内陆探险时可能需要的任何工具。这里甚至还有一种"迷你毛驴"，它其实是一辆旧的迷你车，只是车顶被掀掉并被改造成了野外吉普车的样子，方便用于越野驾驶。

6

多么棒的车啊!

当地人都这么说。这是一辆漂亮的白色长轴距日产途乐汽车,车身离地面很高,驱动方式为四轮驱动。

汽车的租期为两周,我可以驾驶它去任何地方——除了通往吉姆吉姆瀑布的路,因为租车公司的人说这条路会破坏汽车的悬架减振器,我若执意前往,他们最后只能派人出来救我。

草原

通常澳大利亚人把城镇以外居民稀少的地区称为"丛林"。它可以是农业区,也可以是开阔的草原。草原指的是有足够的水源让草生长却不足以养活更多树木的地方。澳大利亚的草原上经常活跃着昆虫、鸟类、爬行动物和有袋类动物。

然后……

去超市买完所需的食物后,我要向南进发了……

7

永无止境的道路

　　我刚刚离开高速公路，打算休息一下。这条公路名叫斯图尔特高速公路，以一个探险过澳大利亚中部的人的名字命名。

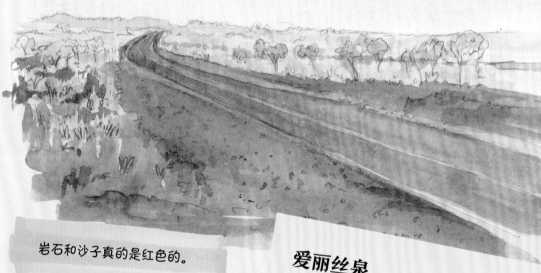

岩石和沙子真的是红色的。

　　四个小时过去了，路边到处都是干燥且布满尘土的灌木丛。这让人意识到周围的地域有多么宽广。事实上，沿途的风景与我刚离开达尔文时相差无几——而现在，我在高速公路上疾驰，一切顺利。

爱丽丝泉

　　爱丽丝泉是位于澳大利亚北领地南部的一个偏远城镇。土著居民已经在这一地区生活了至少3万年。这座城镇位于澳大利亚南北方向上的中心位置。对于那些希望探索"红土中心"和想要参观乌鲁鲁巨石的人们而言，这里成了一个重要的旅游中心。

8

乌鲁鲁巨石

乌鲁鲁巨石是一座巨大的砂岩山，最高处距地面 348 米。这块巨石大约在 6 亿年前便开始形成，对于土著居民而言，这里是一个重要而神圣的地方。每年都有无数游客到此参观。

公路列车
是我 最害怕的 交通工具——

这是一种向爱丽丝泉运送物资的三拖重型卡车。它们在长直的高速公路上一辆接着一辆快速而自如地行驶。显然，从司机踩下刹车到完全停下来，至少需要半公里的距离——这也就是为什么当它们冒着热气从我身后开过来时，我会马上把车停在路边躲避。当这些车经过时，会刮起一阵强劲的风，将汽车吹得发抖，

**并扬起漫天的
尘埃和如雨般
的沙砾。**

养在围栏后面的鸸鹋

9

休息时间

我已经开了很远的路，到目前为止，我遥遥地看到了几只沙袋鼠，一只俯冲的鸢和几只楔尾雕……**还有许许多多的白蚁堆 ——**

到处都是!

我在利奇菲尔德国家公园内靠近旺吉瀑布的一个露营地停了下来。这座瀑布的底部有一个水潭，我和许多人一起在这里游泳。就在这时，

一条蛇
突然游了过来!

为了你的安全

淡水鳄鱼栖息在此地

如果受到侵扰，它们会变得具有攻击性并对你造成伤害。
- 请勿接近并打扰这些动物。
- 游泳时请小心。

我不知道这是哪种蛇，赶紧游开了。然而，其他人并没有像我这样做。是他们的观察力不如我，还是他们认为这只是一条安全无毒的蛇?

瀑布旁边的警示牌

10

营地周围有许多鸟:

- 红尾黑凤头鹦鹉停在我们营地上方的一棵树上（右上图）。
- 一只为了吸引雌鸟而用五颜六色的薯片包装袋、糖果包装纸装饰求偶亭的园丁鸟。
- 扑向地上任何食物的蓝翅笑翠鸟（右图）。我在准备今晚的烧烤时，它飞过来叼起一个面包卷就逃了。

蛇

    人们在澳大利亚北领地发现了许多种类的蛇。有些蛇毒性很小，如金花蛇，而另一些蛇则是有剧毒的，比如死亡蛇（左图）或黑鞭蛇。它们经常以小型哺乳动物、鸟类及其他爬行动物为食，喜好趴在岩石或树枝上晒太阳。

奇怪岩石的形成

今天的计划是驾车沿着一条小路去失落之城，它位于利奇菲尔德国家公园，以一处露出地面的岩石阵而闻名。

但是把越野车开到那里并不容易。

这是迄今为止我所走过的最艰难的路，也是我租用四驱越野车的原因。我的车大部分时间在桉树林中的泥泞小道上缓慢而行，偶尔会遇到一些砂砾地面。我使用了位于主挡杆前面的迷你挡杆，使汽车进入四轮驱动模式，为了节省汽油，我在路上的大部分时间用的是两轮驱动。

整个地区是砂岩陡坡的遗迹，经过多年的风雨侵蚀，变成了节状的岩石和柱子。当道路开始上坡的时候，到处都出现了巨大的岩石板，感觉就像开车上了一段楼梯。在一个狭窄路段的一侧路边，有一个下降的陡坡——只有一米左右宽，如果我的车轮打滑了，车子就会悬空在外，

而我并不知道该怎么把它拉回到路面。

12

失落之城的岩石（左图）给人的感觉很像古老的废墟，平坦的地面是沙质的，露出地面的岩石伫立在那里，看起来有点像墙壁，有时还会有短短的"拱门"或狭窄的通道连接着不同的"房间"。

一些短耳岩袋鼠聚集在一个幽深的如丛林般的峡谷的峭壁上，这个峡谷就在失落之城附近的一条小路上。

我正处于高原的顶端，这里的一切看起来都是干瘪而枯萎的，但是峡谷下面有蕨类植物、棕榈树和其他更大的树。这意味着那里一定有永久的地下水源。

短耳岩袋鼠

峡谷周围的岩石地区是短耳岩袋鼠最喜欢的栖息地。这种小动物生活在澳大利亚北领地的最北端。它们是有袋类动物，脖子上有深色条纹，颈前部和腹部是白色的。短耳岩袋鼠主要以草、树皮和树根为食。

露营

从旺吉瀑布回来的人说这周围可以见到果蝠。所以,傍晚时分,我搭好帐篷后便出去散步。起初并没有指望能找到什么,直到……

我真的见到了果蝠!

小红狐蝠——我本以为很难找到这些小家伙,结果发现周围的树上到处都是。

这里有一股
水果粪便的味道!

爬到树上的褶伞蜥

我发现了一只褶伞蜥,真希望看到它张开皱褶来吓唬我,或者像恐龙那样用后脚从树上跑到地上。然而正相反,当它发现我试图画下它时,它只是急忙爬得更高了。

我正行驶在穿越利奇菲尔德国家公园的一条泥土小路上，地图上显示这条土路最终会通向高速公路和卡卡杜国家公园。

这附近有很多磁性白蚁丘，修筑在雨季时可能会被水淹没的草地上。白蚁们为了躲避地下的寒冷而把自己的家建在地面上。这些土丘大部分是从北到南的方向一字排开的，看起来就像是墓地里的墓碑。

早上，白蚁们会去土堆的东侧，那里的太阳能让它们变得暖和（因为太阳是从东方升起的）。到了中午，它们就待在中间的凉爽地带。因为这个土堆是侧面朝向太阳的，所以中间地带不会太热。而下午的时候，西边地带又会变得更暖和。

磁性白蚁堆是头罩鹦鹉（左图）和小袋鼬筑巢的好地方。头罩鹦鹉是一种有着黑色头部的美丽的天蓝色鸟类；小袋鼬是小型有袋类食肉动物，外形看起来有点像尖鼻子猫。老鼠、蛇和一种名叫高纳斯的澳大利亚巨蜥也生活在白蚁堆里。

白 蚁

白蚁以啃食木头和草为生。它们柔软的白色身体在阳光下很快就会变干，所以它们常常待在经过**它们咀嚼后吐出来**的干泥筑成的土堆里。

利奇菲尔德国家公园附近的白蚁是木白蚁（左图）。你只需要在地上随便找根枯枝掰开，就能轻易找到这些木白蚁。

我认为蚁堆里的白蚁看起来都差不多，但我没有试着打开任何白蚁丘来验证这一点。首先是因为白蚁丘非常坚固，另外我觉得仅仅为了好奇心而破坏它们的家园，实在是太残忍了。

让我们来了解一下白蚁：

- 树管白蚁常见于树的底部。这里一半的桉树都被白蚁蛀空了。
- 大教堂白蚁(见左上图的土丘)生活在远离洪水的干燥陆地上。
- 洪泛区白蚁(见左下图的土丘)生活在随雨季到来被洪水淹设的草原上，形成了巨大的灰色锥形土丘。

还有许多白蚁生活在我们看不到的地下。

迪吉里杜管

　　按照传统工艺，这种澳大利亚土著居民的吹奏乐器是用被白蚁蛀空的原木制成的。用迪吉里杜管演奏，首先需要把一条蜂蜡捏成香肠的形状，然后在管的一端绕上一圈，做成一个类似吹口的东西。我可以用我的迪吉里杜管吹奏出低沉的嗡嗡声，但一次吹不了太长的时间。吹奏者需要不停地换气来让这些音符持续不断，但是我做不到。

在旅途的最后，我在临近达尔文的一家工艺品店买了这支迪吉里杜管。

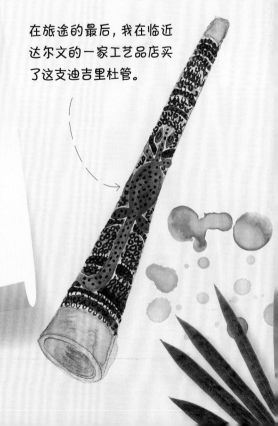

丛林大火

是的，这里确实有一个地方叫"汉普蒂杜"，起码我看到了通往那里的路标。

我在最近的一场丛林大火中看到了俯冲的黑鸢（左图），我猜它们正在捕猎从火焰中冲出来的小动物。黑鸢会追随着火情移动，甚至还能通过衔起、再抛下燃烧的枝条助长火势来猎杀小动物。

尽管丛林大火时不时发生，
但大自然还是能找到自己的生存方法。

一只敏捷的沙袋鼠逃离了这个地区，被火势熏黑的棕榈树树桩最终会重新生长。剥下桉树树干底部烧焦的树皮，可以看到里面的部分还完好无损。

18

桉树

澳大利亚本土近四分之三的森林是由桉树构成的。这些树木完全适应了当地贫瘠的土壤和干旱的气候。它们有很多方法从丛林大火中恢复生机。大多数桉树是常绿的，所以它们一年四季都挂满了富含油脂的叶子。

这里还有苏铁——

一种从恐龙时代起就存在的植物。

苏铁

苏铁（右图）有着短小的木质树干，以及从顶端长出的大而硬的常绿叶子。它们分布在热带和亚热带地区。有些苏铁喜欢潮湿的雨林环境，而另一些则能在严酷的沙漠地区生存，在沙子或岩石中生长。

就像这片烧焦的土地上的其他植物一样，这些苏铁树看起来似乎被烧焦了，但我认为它们中有很多株已经适应了丛林大火的侵袭。叶子会重新长出来，新的树苗也将从地里破土而出。

靠近卡卡杜国家公园

在去往卡卡杜国家公园的路上有一片巨大的湿地。湿地宽敞而开阔,泻湖岸边被大片的睡莲叶环绕着 ——

这样的景致与我此前开车经过的干燥开阔的林地和草原形成了鲜明的对比。

这里生存着大量的湿地鸟类:斑鹭、白鹭、鹊鹅和白鹮(左图)。到处都有啸鸢在

飞来飞去。

我发现堤道上趴着一只类似澳洲巨蜥的生物。起初完全没有注意到它,因为我正忙着用望远镜观察鸟类。我想它是悄悄爬过来的。

这家伙恐怕
得有1.5米长。

20

高纳斯（一种澳大利亚巨蜥）

　　大约有 20 多种巨蜥生活在澳大利亚。它们的个头通常都很大，有些品种能长到 2.5 米长。巨蜥以任何它能捕捉到的小动物为食，包括小型哺乳动物、其他蜥蜴、蛇和鸟类。有些种类的巨蜥大部分时间生活在树上，而另一些则喜欢生活在沼泽地区。

啸鸢

　　当这种猛禽从天空飞过或栖息在树梢上时，常常会发出一种叫声，听起来像口哨声。它有浅棕色的头部和一对深棕色的翼，翼展在 120 到 145 厘米之间。人们可以在澳大利亚的林地、草原，更多时候是在湿地中看到它们的身影。它以死去的动物为食，也会捕食野兔、鱼类、爬行动物和鸟类。

21

在卡卡杜国家公园郊外

8月1日，下午7:30，玛丽河营地

虽然我现在仍然处在卡卡杜国家公园外围，但这里的野生动物种类已经

非常丰富了!

靠近玛丽河营地的桉树

在这里，已经能够看到很多沙袋鼠和水牛。遍地的死水潭之间隐约交织出一个迷宫般的道路网，值得花一两天的时间去探索。迈克——我住的露营地的老板，今天下午带我出去快速兜了一圈。根据他借给我的地图，我想找出一条围绕死水潭、桉树林和草原的自驾路线。

清晨驾驶

我看到了一些羚大袋鼠，它们大多数跳得相当快。

羚大袋鼠是一种小型袋鼠，比沙袋鼠稍大些，但没有生活在南方更干燥的灌木丛中的巨型红袋鼠那么大。当它们的腿向前伸展时，尾巴就会向上翘；当它们的腿向后伸展时，尾巴就会向下抖动。

我带着望远镜一直在附近转悠，观察着鸟和袋鼠。但必须承认，我不敢太接近水域，也不敢太靠近露兜树丛（又名旋叶松，见24页），因为迈克告诫过我要提防咸水鳄的出没。

死水潭

澳大利亚人把河流改道时留下的水泊称为死水潭。现在是旱季，所以这里的死水潭正在缩小。每一个死水潭都被干裂的泥土包围着。再往里是黏糊糊的绿色野草，中间有更清澈的水。到了雨季，死水潭又会被水填满，为野生动物提供淡水资源。

玛丽河

加足马力！

玛丽河流淌到这里，分裂成五条支流，形成了一个三角洲，哈迪斯河就是其中之一。这里所有的河流都向北流入大海。越往北，沼泽地就越大。四周有很多小的沟渠，在雨季洪水泛滥的时候，这些小渠都会汇集在一起。

旋叶松

（螺旋露兜树）

在澳大利亚北部区域的河岸、死水潭、溪流和周围沿海地区都生长着旋叶松。这是一种灌木或小乔木，可以长到 10 米高。因它们多刺的叶子以螺旋形的方式向上翘起而得名。

24

澳洲淡水鳄

我在河边发现了淡水鳄。它们能长到 3 米左右，寿命可达 50 岁，主要以鱼、昆虫和甲壳类动物为食。常见于淡水死水潭、河流、小溪和湿地。比起咸水鳄，它们的鼻子更窄，体型更小，危险性也小得多。

我穿过一条半干涸的河流来到这里。

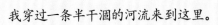

真正感受了
四轮驱动的魅力！

虽然这里只有涓涓细流，但我不得不开着车沿着陡峭的河岸向下行驶，所以四轮驱动要派上用场了。

车的底部有很深的泥，这让驾驶变得十分艰难，甚至有一刻我以为自己会被困在这里。我不得不把引擎的转速调得很高，以便给另一边的泥滩提供动力。

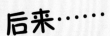

后来……

回到营地真是一件艰难的事……

内陆地区

8月2日，下午8点，玛丽河营地

我刚刚在落叶堆里看到了这个小家伙，
然后它就爬上了汽车旁边的一棵棕榈树。

它身上满布奶油色与红棕色的棋盘纹，
身长大概有 70 厘米。

棕树蛇

8月3日，下午8点，离玛丽河不远的内陆地区

一只澳大利亚鸨正大踏步穿过草原。

不远处，我瞥见了几头野牛，还看到了野猪和
野马，看样子它们是在很久以前从农场里逃出来的。

咸水鳄

　　咸水鳄是这里最大的鳄鱼。虽然它们可以生活在海岸附近的咸水中，但更常出现在河水中。咸水鳄个头大到

可以杀死人类。

　　咸水鳄的食物构成中，有 80% 是螃蟹，另外 20% 则是更大的动物，如水牛、鱼、鸟类，甚至是果蝠。捕食时，它们会先盯上猎物，然后潜入水中（这一过程最长可达 1 个小时），

最后突然出击！

　　它们的嘴后部有一个可关闭的皮瓣，吞咽食物时有助于防止水流进去。

这附近有更多的大袋鼠和一些敏捷的沙大袋鼠，这些沙大袋鼠的眼部和大腿的皮毛上都有特殊纹路，体型比一般的大袋鼠要小一些。

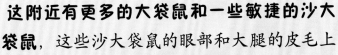

卡卡杜国家公园

　　沿着通往阿纳姆地雍古族地区的阿纳姆高速公路行驶，我到达了卡卡杜国家公园。

　　刚开始，它看起来和我驾车路过的澳大利亚内陆风景没有任何不同。

　　大鹳（以生活在此处的黑颈鹳命名）加油站是大多数人能抵达的最远处。这里有大片的斑点状橙色岩石峭壁，还有湿地点缀其间。

我计划参观那些

古老的土著岩石艺术画，

　　在其中一个环礁湖上泛舟旅行，然后开着我的四驱越野车继续向南行驶，去观赏位于公园边缘的一组瀑布群。

28

诺兰基岩

在悬崖向外探出的岩壁上，有一些土著艺术画。这幅画（下图）非常古老，尽管我认为这么多年来它肯定被多次重画或至少是重新勾勒过。我觉得这些是描绘梦创时代的图画，用的"颜料"是粉笔，或红色和黄色赭石（含氧化铁的岩石）。

原住民

土著居民和托雷斯海峡岛居民统称为澳大利亚的原住民。他们已经在澳大利亚生活了4.5万年到5万年，远远早于在18世纪来此定居的欧洲人。土著居民的"梦创"故事传递着重要的知识和价值。他们讲述了祖先圣灵来到地球，创造了土地、动物和植物，然后转化为其他物体，比如星星的故事。

这幅画叫"X射线风格"。有一些描绘欧洲人捕猎野牛的画面以及一艘帆船的图景。据说，还有一些描绘袋狼（又名塔斯马尼亚虎）的图画，这种生物早已在此地灭绝了。

29

乘船旅行

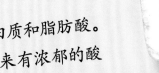

绿树蚁巢

这种绿树蚁（又名织叶蚁）富含蛋白质和脂肪酸。绿树蚁遍布澳大利亚，它们的腹部尝起来有浓郁的酸柠檬味，我已经试过两次了。

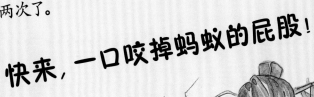

快来，一口咬掉蚂蚁的屁股！

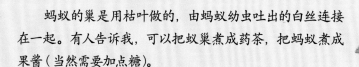

蚂蚁的巢是用枯叶做的，由蚂蚁幼虫吐出的白丝连接在一起。有人告诉我，可以把蚁巢煮成药茶，把蚂蚁煮成果酱（当然需要加点糖）。

红口桉？

我认为这棵桉树可能是一棵红口桉，它的树皮上留下了弯弯曲曲的蛀虫制造的花纹。

8月5日，乘船游览黄水河

现在是破晓时分，空气出奇地凉爽。薄雾在湿地上空冉冉升起。

水面上有成千上万只尖羽树鸭以及头顶上有一串"v"字形的鹊鹅飞过（左图）。大量的棕夜鹭栖息于此，黑颈鹳在水中来回摆动它的喙争抢食物，

动作有力，发出嗖嗖的声响。

我看到长着大圆叶的粉色荷花在水面上荡漾。我还看到了一只水雉，又名水凤凰，长长的脚趾把它身体的重量分散在睡莲叶上，这样就不会沉下去。奇怪的是，成千上万只鸟类漂浮在水面，

竟然还有咸水鳄潜伏在水下……

黑颈鹳

黑颈鹳在澳大利亚通常被称为"大鹳"。它们是身形高大的长颈鹳，有着黑白相间的羽毛和大大的黑喙。它们行踪隐秘，栖息在湿地，以鱼、蟹和青蛙为食。

这是一只雄性黑颈鹳。

31

繁星之夜

我在前往吉姆瀑布的小道上停了下来，只开了一小段路，周围看上去都是泥泞不堪的小道。

我想继续开下去，很想去探索瀑布，但是……

租车协议中规定不能在这条道路上驾驶。情况真的有那么严重吗? 我不敢尝试。接下来的计划是去看下一组瀑布: **加仑瀑布**。

我就在路边安营扎寨。天空漆黑、分外晴朗，天上的星星美极了。我找到了天蝎座，它看起来确实像一只蝎子，还看到流星划过夜空。

32

篝火的火势很小 —— 刚好够煮一点意大利面。我捡到的木头都被白蚁蛀空了，这些木头很干燥，非常容易点燃。（火烧枯木可以将白蚁赶出来）

我把附近所有干的桉树叶都扫走了，篝火周围全是光秃秃的沙子，但我依然担心火花会引发一场丛林大火。

因为这里真的是太干燥了，仿佛连空气都可以

点燃。

后来……

我把燃烧着的木头拿出来，用沙子覆盖了每一根木头。这次我没有把圆顶帐篷支起来，而是铺在身下，今晚我就露宿在帐篷上。

南十字星座

南十字星座是在南半球可以见到的最独特的恒星星座之一。它由五颗星构成，在夜空中形成一个十字形。在澳大利亚国旗上可以看到南十字星座：一颗小小的五角星和其他大些的七角星。

加仑瀑布

8月6日，上午6:15

是鸽子在咕咕叫，还是鹦鹉在

尖叫？

早晨，我发现睡袋下面蜷缩着一排白蚁。今天的早餐是昨晚剩下的面条和汤。我不想冒着引发火灾的风险再生一次火。

鹦鹉

世界上大概有 300 多种鹦鹉，其中有几十种分布在澳大利亚。红翅鹦鹉主要栖息于澳大利亚北部及东北部的森林或沿河区域。这些鹦鹉有着漂亮的绿色羽毛，还有红色与黑色相间的翅膀。

下午4点

尘土飞扬

红色的尘土已经深深地渗进了我的皮肤，我看起来皱纹很深，很显老。我的头发被灰尘弄得僵硬不堪，也由此得到了教训：当你在尘土飞扬的小路上行驶时，一定要关闭窗户并打开汽车的空调。

到达这里要走上相当长的一段路。

我大部分时间都在灌木丛生的山脊上或周围的土路上行驶，然后穿过桉树林，来到一条宽阔的绿色河流边。你可以把这里叫作山谷，但它其实只是块状山脊之间的一个平坦区域。在这些山脊中，有一条狭窄的瀑布倾泻到一座四周长满芦苇和高大的白树皮树的大池塘中。

34

这是从加仑瀑布的顶部看到的景象。
灌木丛生的山脊无限延伸至远方。

卡卡杜国家公园和湿地都在北边。事实上，山谷里的这条从加仑瀑布流下来的河，就是玛丽河。它最终流到了几天前我去过的那片湿地。继续向南真的没有什么景色可言了，土地变得更加干燥、平坦，最后变成了沙漠。

瀑布底部的营地看守人告诉我，

这里有一条往南走的小路，

但如果我想开车过去，最好告诉他出发及返回的时间。这条小路通向一座古老的铀矿，铀矿的位置很偏远。如果没有事先告知别人，一旦遇险，被营救的概率非常小。到达铀矿要花一整天的时间，所以在返回之前，我需要在矿区过夜。

加仑瀑布

35

穿越河流

两条蛇是正在交配还是正在打架？

这两条蛇呈普通的灰褐色，意味着它们可能是马尔加蛇、金棕蛇或太攀蛇。这些蛇都是有毒的，所以我就不下车去仔细观察它们了。我关闭发动机坐着等待……

花了不少的时间，
大概10分钟到15分钟后，这两条蛇才离开！

重新上路，接近铀矿。

然而，一个突发状况把我吓坏了。车卡在河里了！我之前真应该租一个带水下通气管的越野车！这条河看起来很浅，事实上，之前我已经开车越过它好几次了。在水没有漫到车轴的情况下，车子很容易在潮湿的砾石上通行。

这是我遇到的第三次倒霉事件！

36

铀矿

我把迷你变速杆推到四轮驱动模式，在过河的时候继续加速，幸好我处置得当。水直冲到车前灯上，车头还稍微往下倾斜。排气管已浸在水下，我明白，在这样的情形下，无论如何都要保持加速的状态。

如果不持续排出废气，排气管就会把水倒吸回来，导致发动机熄火。

真是惊魂一刻！

我应该倒车并返回吗？不！我只能继续加速。我继续前进，直到车前轮撞上了暗礁才停了一下。紧接着轮胎蹭上了暗礁，车子又反弹了回来。此时此刻我已被困在河中央，河水已经漫到了车门。

后来……

车子终于吃力地开离了河水，开上了干燥的陆地。总算是松了一口气……虽然，明天我还得沿原路返回……

矿 井

8月7日, 露营

必须得承认我有点担心，即便已经开上陆地，如果立刻关闭发动机，这辆车可能无法再次启动。所以我又向前开了大约一个小时。

于是我就到了这里，在靠近河边（其实只是一条小溪）的一片桉树旁扎营。这里有几条通向灌木丛的小路。我的计划是明天在返回加仑瀑布之前四处看看。

8月8日, 清晨漫步

在绕着矿区散步的时候，我看到了几只敏捷的沙袋鼠，还有远处几只更大的袋鼠。

这些可能是红袋鼠（体型最大的袋鼠），或者更像是羚大袋鼠。还有葵花凤头鹦鹉和鸸鹋（左图）。它们中的一对，正迈着长腿在浅绿色的草丛中小心翼翼地走着。

为了看得更仔细些，我试图跟着它们。在我的腿被草挂住的时候，它们就走开了。靠近细看，这片草地就像一簇簇绿色的豪猪刺，这可能是鬣刺草。

鬣刺草

鬣刺草（上图），以坚硬和尖锐闻名于世，在沙漠的大部分地方以及"红土中心"的岩石山脉中都能找到。为了获取水分，它把根深扎于地下接近 3 米的位置，才得以在贫瘠干燥的土壤中茁壮成长。鬣刺草的叶子坚硬，对大多数动物（除了白蚁）而言不易消化。

袋鼠

袋鼠生活在草原、岩石山坡和一些森林地区。它们以草、水果和种子为食。袋鼠一般比沙袋鼠大。一只红袋鼠（左图）可以长到 2 米高，重达 90 千克。所有的袋鼠都有短短的毛、强有力的后腿、大大的脚和长长的尾巴。它们的奔跑速度可以达到每小时 60 公里，一次可以跳跃 8 米的距离。

39

回到加仑瀑布

我一直有些担心，经过仔细观察周围的状况后，返程似乎比想象中的容易得多。

这里有两条需要跨越的河流：一条是昨天我差点陷入泥潭的地方，另一条大约在 15 米开外或更远的地方。

这条河看起来比昨天平静，我先用棍子插进去探查河流的深浅，并探察前方红色岩层的软硬状态。

好在，这里 没有咸水鳄。

昨天，我跟露营地管理员马克确认过了。

五分钟之后我发现：
嗯，这很容易！

第二道要蹚过的水域要平坦得多，水几乎没到轮子的顶部。河水也没过了排气管，但我一直加速向前，车在水中行驶得非常好。

40

澳洲野犬

据说，澳洲野犬大约在4万年前被引入澳大利亚。它们有生姜色或沙色的皮毛，能长到60厘米高，35公斤重。澳洲野犬以哺乳动物、鸟类和爬行动物为食。

我在瀑布附近看到了一只澳洲野犬。露营地管理员马克说，澳洲野犬在这里仍然很常见。不像袋鼬，因为不停地被甘蔗蟾蜍所杀而濒临灭绝。

甘蔗蟾蜍（巨型海蟾蜍）

甘蔗蟾蜍来自南美洲。事实上，我曾在亚马孙河看到过它们，在那里它们的生存不是问题。它们在20世纪30年代被引入昆士兰州，用来捕杀甘蔗上的甲虫。问题是，甘蔗蟾蜍本身是有毒的，会杀死当地以青蛙为食的其他动物，如袋鼬和巨蜥。

然后……

我开始收拾装备，明天一早就要向北行进，返回达尔文。

阿德莱德河

鳄鱼的跳跃之旅！

我现在正在回达尔文的路上，接下来要乘观光船去看跃出水面的鳄鱼。

它们真的
好大……

我很高兴自己乘坐的大船装有栏杆，可以隔开鳄鱼。工作人员在顶层甲板上用一根杆子吊着一块牛排，水面的鳄鱼不停跳起来想要吃掉它，也有个别鳄鱼由于体型太大跳不高。鳄鱼能跳多高的话题一时热议了。

上图中的年老雄性鳄鱼可能已经 100 多岁了，它有 6 米长，肤色黝黑，并且长有橄榄色的斑点。

巨大而可怕！

我面对它感觉就像是遇到了恐龙一样。

42

阿德莱德河和东边不远处的玛丽河从这里蜿蜒北上，一直流入帝汶海。在我的手绘地图上，河流以蓝色的虚线呈现，每年十一月雨季来临时，河流的流向都会发生改变。

阿德莱德河

这条河从布罗克溪向北流到亚当湾，最后汇入帝汶海。它有180公里长，以河中咸水鳄数量众多而闻名，也能看到白腹海鹰和啸鸢。

再过几个月，河水就会决堤，到处都会变成巨大的沼泽地。每年的这个时候，鳄鱼就会出现在达尔文中部。现在是八月，处于旱季中期，河流正沿着今年的河道顺流而下，而鳄鱼就在河道沿线随处可见。

然后……

给汽车加满油，我踏上了返程之路……

沃克沃克

我在一个叫沃克沃克（是的，这是一个地名，而不是一只鸭子发出的叫声）的地方停下来，要准备开始长途驾车回达尔文了。

接下来的旅程都是高速公路，没有越野的刺激感了。令人惊讶的是，一趟旅程下来，这辆车居然毫无划痕。我祈祷不要遇到过路的公路列车，以免它们掀起的漫天扬沙划坏车漆。

沃克沃克很大程度上仍然位于内陆地区。

这里有五座建筑物和

一条被漆成绿色的混凝土鳄鱼。

当我驶上斯图尔特高速公路主干道后，周围就只剩下桉树、堆满白蚁堆的田野和随处可见的湿地，这样的景色会一直延续到汉普蒂杜。因此，这可能是看到沙袋鼠和大角野牛的最后机会，大角野牛有时会沿着道路在沼泽地带闲逛。

44

达尔文

　　达尔文是澳大利亚北领地的首府。它位于澳大利亚最北端，就在帝汶海旁边。达尔文是那些想去卡卡杜国家公园和"红土中心"探险的游客的旅游中心。这里是热带气候，有旱季和雨季之分。在雨季，这座城市特别容易受到飓风的袭击，在1897-1974年间，因遭遇飓风的毁灭性侵袭，几乎完全重建了三次。

　　我把车洗得闪闪发亮、一尘不染。事实证明，我之前的顾虑是自寻烦恼，因为汽车租赁公司的每一个人见到我的车都说：

"看来你在里面玩得并不尽兴——你知道的，我们通常会预留几次车被刮蹭的免赔机会给租车人。"

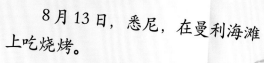

在沙滩上

8月13日，悉尼，在曼利海滩上吃烧烤。

当需要花费4个小时才能飞越这个国家时，你才会意识到澳大利亚面积有多大。我现在回到了悉尼——明天就将飞回英国。

澳大利亚不仅仅是一个国家——它是一个洲——坐在周围都是人的沙滩上，也让我意识到北领地是多么狂野，感叹人类在严酷环境下是多么的脆弱。我会带走一些美好的回忆：开车穿过漫长的内陆灌木丛，跋涉过湿地，攀上岩石峭壁。给我印象最深的还是那些野生动物：致命的蛇、跳跃的袋鼠以及庞大的鳄鱼。

野生动物无处不在——甚至在曼利海滩上都能见到它们的身影！刚刚，一只笑翠鸟还俯冲到我坐的野餐桌上，叼走了我的香肠！

阿纳姆地

在穿越卡卡杜国家公园进入澳大利亚北领地广阔的东北角后，依然可以看到遍布岩石峭壁的荒野和沼泽湿地。阿纳姆地是雍古族人和在这里生活了数千年的土著部落的家园，游客进入此地需要许可证。许多圣地，至今还保留着描绘了梦创时代祖先圣灵的精细岩画。

这些岩画已被一代代人重新上色。当然，还有很多描绘近现代事件的岩画，比如欧洲人乘帆船、坐飞机抵达澳大利亚的情景。

AUSTRALIAN OUTBACK

First published in Great Britain in 2018 by The Watts Publishing Group

Text and Illustrations © Simon Chapman, 2017

版权贸易合同登记号　图字：01-2021-3454

图书在版编目（CIP）数据

我的探险研学书：关于沙漠、湿地、高山、草原、雨林冒险的生命体验. 澳洲内陆 /（英）西蒙·查普曼 (Simon Chapman) 著；陈蜜译 . -- 北京：电子工业出版社，2022.1

ISBN 978-7-121-42498-4

Ⅰ . ①我… Ⅱ . ①西… ②陈… Ⅲ . ①陆地—探险—澳大利亚—普及读物 Ⅳ . ① N8-49

中国版本图书馆 CIP 数据核字 (2021) 第 265937 号

责任编辑：潘　炜
印　　刷：北京盛通印刷股份有限公司
装　　订：北京盛通印刷股份有限公司
出版发行：电子工业出版社
　　　　　北京市海淀区万寿路 173 信箱　　邮编：100036
开　本：787×1092　 1/16　 印张：18　 字数：360 千字
版　次：2022 年 1 月第 1 版
印　次：2022 年 1 月第 1 次印刷
定　价：240.00 元（全六册）

凡所购买电子工业出版社图书有缺损问题，请向购买书店调换。若书店售缺，请与本社发行部联系，联系及邮购电话：（010）88254888，88258888。
质量投诉请发邮件至 zlts@phei.com.cn，盗版侵权举报请发邮件至 dbqq@phei.com.cn。
本书咨询联系方式：（010）88254210。influence@phei.com.cn，微信号：yingxianglibook。

我的探险研学书

澳洲内陆

关于沙漠、湿地、高山、草原、雨林冒险的生命体验

地球千奇百趣：

非洲大草原辽阔奔放，喜马拉雅山脉高耸圣洁，亚马孙盆地低平坦荡，
澳洲内陆干旱内敛，印度低地丰沛神秘，婆罗洲雨林湿润绮丽。

探险家西蒙带你亲历世界六大地区的荒野冒险，
身临其境地感受大自然，潜移默化地陶冶生存智慧。

上架建议：科普探险

ISBN 978-7-121-42498-4

9 787121 424984 >

定价：240.00元（全六册）

责任编辑：潘 炜
封面设计：王 倩

影响力
INFLUENCE

影响力官方微信

蜘蛛猴在树林间游荡

一头愤怒的西猯

红绿相间的金刚鹦鹉

我的探险研学书

关于沙漠、湿地、高山、草原、雨林冒险的生命体验

亚马孙盆地

[英] 西蒙·查普曼 / 著

冯立群 / 译

行动敏捷的棕色卷尾猴

河边的豹子

中国工信出版集团

电子工业出版社
PUBLISHING HOUSE OF ELECTRONICS INDUSTRY
http://www.phei.com.cn